Mein erstes Buch Natur und Tiere

Meyers Kinder- und Jugendbücher

Mein erstes Buch Natur und Tiere

INHALT

Die Jahreszeiten

Die Natur sieht zu jeder Jahreszeit anders aus! Auf den Winter folgt der Frühling. Danach kommt der Sommer und dann der Herbst.

Der Frühling

Im Frühling wechseln sich Sonne und Regen ab. Wenn es wärmer wird, beginnen die Bäume und Blumen zu blühen.

Aus den Knospen ...

... sprießen kleine Blätter.

Die Vögel bauen Nester
und legen ihre Eier hinein.

Der Sommer

Der Sommer ist die wärmste Jahreszeit. Am Abend ist es noch lange hell und an den Obstbäumen reifen Früchte.

die Marienkäfer

die Schmetterlinge

die Eidechse

Auf den Wiesen und am Wegesrand wachsen viele verschiedene Gräser.

Im Garten beginnt die Erntezeit: Viele Obst- und Gemüsesorten sind nun reif.

Der Herbst

Im Herbst ist es oft windig und es regnet viel. Die Tage werden kürzer. Tiere und Pflanzen bereiten sich nun auf den Winter vor.

Die Blätter färben sich bunt und fallen von den Bäumen.

An den Sträuchern hängen Brombeeren.

Im Wald wachsen Pilze.

Der Winter

Wenn es im Winter kalt wird, beginnt es zu schneien.
Am Abend wird es schon früh dunkel.

Auf der Schneedecke sind Tierspuren leicht zu erkennen.

Die Laubbäume haben ihre Blätter verloren und sind kahl.

Jetzt tragen Stechpalmenzweige ...

... und Misteln ihre Früchte.

Diese Tiere haben eine braunes Fell oder Federkleid. Damit sind sie in ihrer natürlichen Umgebung nur schwer zu entdecken!

Auch im Winter sind
die Tiere gut getarnt.
Ihr Winterkleid ist jetzt
weiß wie der Schnee.

Das Wetter

Sonne, Regen oder Wind: Für die Natur gibt es kein schlechtes Wetter! Und auf ein tobendes Gewitter folgt bald schon wieder Sonnenschein.

Die Sonne

Menschen, Tiere und Pflanzen benötigen die Sonne zum Leben.

Erdbeeren brauchen Wärme, damit sie reifen können.

Erst durch das Sonnenlicht kann aus einer Kastanie ein kleiner Baum entstehen.

Die Sonnenblumen strahlen
mit der Sonne um die Wette.
Mit ihren großen Blüten
locken sie Bienen an.

Der Wind

Wenn der Wind weht, kommt Bewegung in die Natur.

Die Vögel nutzen den Wind, um durch die Luft zu segeln.

Der Wind trägt die Samen des Löwenzahns davon. Daraus wachsen dann an einer anderen Stelle neue Pflanzen.

Manchmal bläst der Wind so stark,
dass die Bäume sich biegen
und ihre Blätter davongetragen werden.

Der Regen

Regen ist sehr wichtig! Er liefert den Tieren Trinkwasser und wässert die Pflanzen, damit sie wachsen und gedeihen können.

Wenn es regnet, kommt die
Weinbergschnecke aus ihrem Haus.

Die Pilze im Wald mögen feuchtes, warmes
Wetter. Dann wachsen sie viel schneller!

Frösche fühlen sich im
Regen richtig wohl.

Der Schnee

Wenn es schneit, legt sich eine dicke, weiße Schneedecke über die Natur. Viele Tiere ziehen sich dann in ihre Höhlen und Verstecke zurück. Hier sind sie vor der Kälte sicher!

Der Igel verbringt den Winter in einem Laubhaufen.

Das Murmeltier schläft mehr als ein halbes Jahr in seinem Bau.

Braunbär, Schwarzbär und Eisbär überwintern in ihren selbst gegrabenen Höhlen.

Kaiserpinguine leben in der eisigen Antarktis. Sie rücken dicht aneinander, um sich gegenseitig vor dem kalten Wind zu schützen.

Manchmal kommt gleich nach einem Regenschauer die Sonne wieder hinter den Wolken hervor. Wenn du Glück hast, kannst du dann einen Regenbogen sehen.

Tag und Nacht

Viele Tiere sind tagsüber unterwegs und schlafen in der Nacht.
Andere werden erst richtig munter, wenn die Sonne untergeht.

In der Nacht

Im Schutz der Dunkelheit wagen sich die Nachttiere aus ihren Verstecken und gehen auf Nahrungssuche.

das Kaninchen

die Maus

die Eule

der Dachs

Am Tag

Schon früh am Morgen ist der Gesang vieler Vögel zu hören. Auch Insekten sind bereits emsig bei der Arbeit. Auf Wiesen und Weiden herrscht tagsüber Hochbetrieb!

die Blaumeise

der Schmetterling

die Libelle

der Eichelhäher

Welche Tiere kannst du hier entdecken?

Die Eule schläft
am Tag …

… und geht nachts
auf die Jagd.

Die Lebensräume

Die Tiere haben sich an die unterschiedlichsten Lebensräume angepasst: Manche sind nur im Gebirge zu finden, andere leben im Wald, auf der Wiese oder im Wasser.

Im Gebirge

Die meisten Tiere, die im Gebirge leben, sind sehr scheu. Deshalb bekommt man sie nur selten zu sehen.

das Murmeltier

der Pfeifhase

der Braunbär

das Mufflon

der Steinadler

der Kreuzschnabel

Findest du die kleinen Tiere,
die hier versteckt sind?

Am Meer

Zahlreiche Tiere besiedeln die Meeresküsten: Sie leben im Wasser, in den Dünen oder sind am Strand zu Hause.

die Möwe

die Muscheln

die Garnele

die Krabbe und der Einsiedlerkrebs

Viele Vögel kommen zur
Nahrungssuche ans Wasser:
Hier finden sie eine Menge
Fische und Muscheln.

Auf Wiesen und am Flussufer

Auf Feldern und Wiesen, an Flussufern und im Gebüsch finden viele Tiere einen Unterschlupf. Dort sind sie nur schwer zu entdecken.

Der Spatz frisst gerne Getreidekörner.

Die Uferschwalbe brütet an steilen Böschungen am Flussufer.

Die Erdkröte schläft tagsüber in einem Gebüsch.

Aus dieser Raupe wird später einmal ein Schmetterling.

Im Wald

Die scheuen Waldtiere halten sich meist im Unterholz und im Schutz der Bäume verborgen.

der Hirsch

das Kalb und die Hirschkuh

der Hase

das Wildschwein

der Fuchs

der Dachs

Bei einem Spaziergang im Wald
solltest du auf den Wegen bleiben,
damit du die Tiere nicht störst.

In der Savanne

In den Savannen Afrikas und Asiens ist es sehr warm und oft trocken. Hier sind viele Tiere zu Hause.

Die Tiere der Savanne kommen zum
Trinken und Baden an die Wasserlöcher.

Im undurchdringlichen
Blätterdickicht des Regenwalds
sind die Tiere kaum zu entdecken!

Die Pflanzen

Wenn eine Pflanze entsteht, keimt zuerst ein Samenkorn. Dann bilden sich Wurzeln und Blätter. Nach und nach wird die Pflanze größer.

Der Baum

Rund um den Baum herrscht geschäftiges Treiben! Er bietet vielen Tieren Schutz und liefert ihnen Nahrung.

Vögel bauen ihre Nester im Geäst.

Unter der Borke sind Käfer und Insekten verborgen.

Seine Zweige tragen im Frühling Blüten und im Sommer Früchte.

Ein großer Baum ist wie ein Haus. In jedem Stockwerk sind andere Tiere zu Hause.

Die Blüten

Aus jeder Blüte entwickelt sich eine Frucht. Viele Früchte können wir essen. Du kennst sie als Obst oder Gemüse.

die Blüte des Apfelbaumes

die Auberginenblüte

die Bohnenblüte

Die Artischocke ist eine Blütenknospe. Gekocht schmeckt sie sehr lecker.

Die bunten, duftenden Blüten locken
Bienen an. Wenn sie die Blüten
bestäuben, werden sie mit Nektar
belohnt. Denn erst wenn die Blüten bestäubt
sind, können Samen entstehen.

Die Früchte

Alle Bäume tragen Früchte. Die essbaren Früchte der Obstbäume schmecken gut und sind gesund.

die Birne

die Kirschen

die Aprikose

Andere Früchte wachsen an Sträuchern.

die Erdbeere

die Brombeere

die Johannisbeeren

Kennst du diese stacheligen
Kugeln? Darin stecken
glänzendbraune Kastanien.

Das Gemüse

Von vielen Pflanzen können wir nicht nur die Früchte, sondern auch die Blätter und Wurzeln essen. Welches Gemüse schmeckt dir am besten?

der Kopfsalat

die Zucchini

die Erbsen

der Kürbis

der Champignon

die Paprika

Beim Wurzelgemüse
stecken die essbaren
Pflanzenteile in der Erde.

Im Herbst verlieren die Bäume ihre Blätter. Aber woher kommen im Frühling die neuen Blätter?

Im Winter sind unter den festen Knospenschuppen …

… die neuen Blättchen versteckt. Sie entfalten sich im Frühjahr.

Die Tiere

Überall auf der Welt kommen Tiere vor: im Wasser, an Land und sogar in der Luft.

Die Säugetiere

Viele Tiere geben ihren Jungen Milch, bis diese alt genug sind, um feste Nahrung zu fressen. Man nennt sie Säugetiere.

das Dromedar

der Delfin

Die meisten Säugetiere sind auf dem Festland zu Hause.

Einige leben aber auch im Wasser.

das Eichhörnchen

der Löwe

Die kleinen Braunbärjungen
saugen Milch an den Zitzen
der Mutter.

Die Vögel

Andere Tiere gehören zu den Vögeln. Alle Vögel legen Eier.
Daraus schlüpfen nach einiger Zeit ihre Jungen.

der Buchfink

die Strauße

Die meisten Vögel können fliegen, aber nicht alle.

Vögel haben Federn,

einen Schnabel

und zwei Beine.

Das Huhn hat gerade ein Ei gelegt. Nach etwa drei Wochen schlüpft daraus ein Küken.

Die Insekten

Es gibt unzählige Insektenarten. Sie können ganz unterschiedlich aussehen.

die Mücke

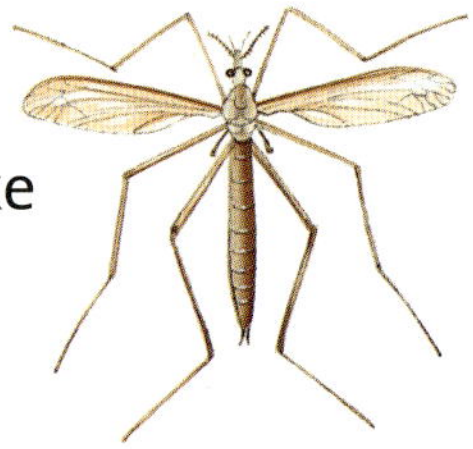

die Fliege

die Wanze

der Maikäfer

der Bockkäfer

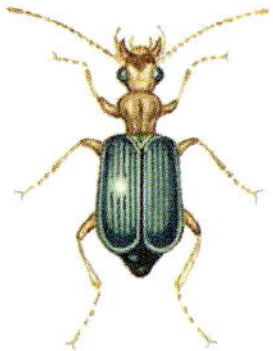

der Laufkäfer

Die meisten Insekten sind klein.
Aber alle haben sechs Beine
und am Kopf zwei Fühler.

der Schmetterling

Viele Insekten können fliegen …

die Heuschrecke

… manche hüpfen …

die Ameise

… und andere laufen.

Auch Bienen sind Insekten. Sie leben in einem Staat zusammen.

Die Fische

Alle Fische sind im Wasser zu Hause. Manche leben im Meer, andere in Flüssen oder Seen.

der Rotfeuerfisch

die Dorade

Sie haben Flossen zum Schwimmen.

Ihre Haut ist mit Schuppen bedeckt.

der Fühlerfisch

der Clownfisch

Einige sehen furchterregend aus.

Andere sind lustig anzuschauen.

Es gibt Fische in vielen
verschiedenen Formen und Farben.

Die Kriechtiere

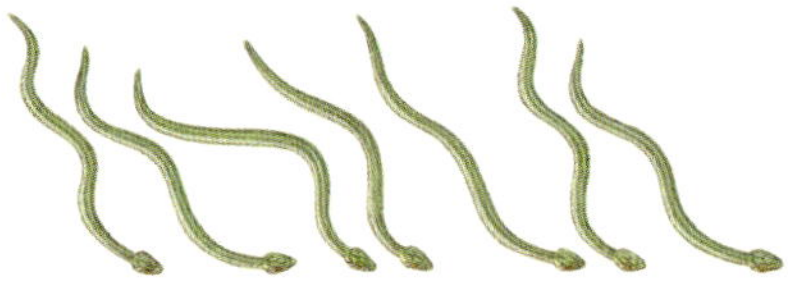

Kriechtiere werden auch Reptilien genannt. Sie unterscheiden sich in ihrem Körperbau, ihrer Größe und ihrer Lebensweise.

die Brillenschlange

die Eidechse

das Krokodil

Die einen kriechen, andere schlängeln sich und manche können sogar schwimmen.

die Meeresschildkröte

Schildkröten haben einen harten Panzer.

Bei allen Kriechtieren ist die Haut
mit Schuppen bedeckt.

die grüne Hundskopfboa

Wer quakt denn da
am Ufer des Weihers?

Es ist ein Wasserfrosch!
Er gehört zu den Lurchen.

Register

Entdecke die Welt mit „Meyers kleiner Kinderbibliothek“!

Der Apfel
Der Bauernhof
Der Baum
Die Baustelle
Die Biene
Die Blume
Der Delfin
Kleiner Deutschlandatlas
Der Dinosaurier
Der Dschungel
Das Ei
Das Eichhörnchen
Der Eisbär
Der Elefant
Die Erde
Unter der Erde
Die Farbe
Die Feuerwehr
Das Flugzeug
Der Frosch
Der Fuchs*
Der Fußball
Der Hund
Der Igel
Die Indianer
Das Kaninchen
Die Katze
Im Kindergarten
Der Körper
Im Krankenhaus
Der Löwe
Der Marienkäfer
Die ersten Menschen
Der Mond
Das Nilpferd
Der Panda
Das Pferd
Der Pinguin
Die Piraten
Die Pyramide
Die Ritterburg
Das Schiff
Die Schildkröte
Der Schmetterling
Die Schnecke
Die fünf Sinne
Am Strand
Der Tiger
Der Vogel
Die Vulkane
Der Wal
Weihnachten
Das Weltall
Kleiner Weltatlas
Das Werkzeug
Das Wetter
Die Zahlen
Der Zirkus
Der Zug

* soeben erschienen

Bibliographisches Institut GmbH
Dudenstraße 6, 68167 Mannheim
Titel der Originalausgabe: La nature

Idee: Delphine Gravier
Illustrationen: Laura Bour, Christian Broutin, Ute Fuhr und Raoul Sautai, Henri Galeron, Heliadore, Gilbert Houbre, Pierre de Hugo, Sabine Krawczyk, René Mettler, C+D Millet, Daniel Moignot, Sylvaine Peyrols, James Prunier, Pierre-Marie Valat
Text: Friederike Naroska
Redaktion: Andrea Essers
Herstellung: Verona Meiling
Printed in China

ISBN 978-3-411-80822-9